ぴーまるぶっく!。

P-MARU BOOK!

ぴーまるぶっく!。

わーーい!!!

((ヽ(´ω`)ﾉ))

いっぱいいーーーーっぱい
P丸様。がつまった
ぴーまるぶっく!。
たくさんの思いをこめて
つくったよ!
楽しんでねーー!!

(ว ˃̶ ω ˂̶)ว))

2020年9月30日
P丸様。

P丸様。のすべてがわかる!
待望のファンブック!!

ぴーまるぶっく!

P-MARU BOOK!

Illustration by P丸様。
表紙デザイン アップライン

CONTENTS 目次

ひすとりー!.

P丸様。の活動の歴史をふりかえっていくよ！
動画制作の原点、動画に登場するファミリー（キャラクター）の一覧、
コミック作品、声優としてのお仕事――など、
一気に紹介しちゃおう!!

Contents

愛する たちだよ

ぴまるP

P32

コミックらいんなっぷ

作品

©L5/YWP・TX

P36

『妖怪ウォッチ』で声優に挑戦!!

活動の原点に迫る!!

ぴーまるストーリー

現在、YouTubeのチャンネル登録者数は130万人を突破し、たくさんの楽しい動画をアップし続けているP丸様。だが、もちろんここまでの道のりは平坦ではない。活動スタートのきっかけや、動画制作のスタイルをどうつくっていったかなど、これまでをふりかえってもらったよ！

201X年

大好きな絵をネットで公開

おもちゃには目もくれず！ 絵を描いて遊ぶ少女時代

小さいときから絵を描くのが好きで、ず～っと絵を描いていたんだ！ おもちゃで遊んでいるよりも絵を描いて遊んでいるほうが多かったかなあ。

兄弟がいるんだけど、みんながお父さんにおもちゃをもらっている中、「絵に関するものがほしい！」って言ってたんだ。プレステのゲームとかも、兄弟は『ぼくのなつやすみ』とかをプレイする中、お絵描きするゲームで遊んでたよ！

多くの人にみてもらいたくて自分のイラストを初めてネットに公開！

絵は好きだったんだけど、やっぱり友だちの中にはすごく絵がうまい子もいて……それでもっとうまくなりたい、もっといろんな人に絵をみてもらいたい、っていう気持ちが出てきたんだ。

いろいろ調べてみて、とあるサイトに自分の描いた絵をアップし出したのが活動のスタートだったの！

初作品『ケツアゴ君』!!!

記念すべき最初の作品は『ケツアゴ君』！

初めてイラストをアップしたサイトはブログとか日記を書いてる子も多いサイトだったんだけど、そこに最初はマンガをアップしてみたの！

『ケツアゴ君』っていうギャグマンガwww

たくさんの人にみてもらえたのはそのマンガが初めてで、コメントとかで反応をもらえるのがすごくうれしかったな～～～!!!

マンガとかイラストのほかにも、『斉藤さんで』シリーズでは知らない人と話した会話の内容をおもしろおかしくのせたりもして、それもたくさんみてもらえてうれしかったんだ！

2015年

スマホアプリで才能が開花

会話に絵をのせてアニメーション化

そのあと、スマホをお父さんお母さんに買ってもらっていろんなサイトとかアプリとかをみていくうちに、音声の録音から動画の編集までできちゃうアプリをみつけたの！

そこで自分の描いたイラストに声を合わせて編集した動画を投稿するようになったよ！

いままで実際にあったこととか、自分が楽しかったこととかをイラストやブログにしてたんだけど、声とBGMもあったらもっとみんなに楽しんでもらえるんじゃないかな〜っていう軽い気持ちで動画をつくってみたんだよね。

そこがいまの活動の原点だったかも！

アニメーションのやり方とかよくわからないから、マンガを紙に描いてそれを1枚1枚スマホで撮って、パラパラマンガみたいにアニメっぽく動画にしてたwww

1枚1枚のマンガを並べて動画に

クリエイターとしての才能が開花！

そこから絵に声を当てていくんだけど、その少し前にヒット曲の歌詞に合わせてマンガを描く――みたいな動画がけっこうバズってて……マンガも描けて声も当てられるってことでみんなが盛り上がってくれていたんだ！ それでちょっと人気になって、アプリの中に「声」のカテゴリーが新たにできたの！

ヒット曲の
歌詞を
マンガに！

YouTubeチャンネルには楽しい作品がいっぱい♪

2017年

YouTubeでさらなる飛躍

絵に声を当てるスタイルが完成

自分の描いたイラストに声を当ててアップしていくっていう、いまに近いかたちで活動するようになってきて、動画をそのままYouTubeにもアップするようになって、パソコンとちゃんとした動画編集ソフトなんかも手に入れて、動画がどんどんつくりやすくなっていったんだ。

ちょうど同じぐらいのタイミングでYouTuberとして活動する人が増えてきたのもあって、アプリで活動していたときよりたくさんの人に動画をみてもらえるようになったよ!

好きで楽しいことだけを何年も続けてきたらいまのかたちになっていたんだけど、しあわせだなぁって思う!

YouTubeを通して多くの人に活動を届けられるように

YouTubeにはたくさんユーザーさんがいたから、それで多くの人がみてくれるようになったんだ。コメントを読むのがすごく好きでハマってて、自分の動画に対しての反応をメモに書き起こしてニヤニヤしてたの！

その当時はお仕事をしてたのもあって、自分の空いた時間は全部動画をつくってたよw！

歩きスマホはダメゼッタイ!

事件

P丸様。大きな穴に落ちる!?

そのころの事件（?）といえば、でっかい穴に落ちたことw！ すごく大雨の日で、携帯でタクシーを呼ぼうとした瞬間に落ちちゃった。「歩きスマホはダメだ」って痛感したwww。そのことを思い出すと、死んでいたかもしれないからいまでも震える。穴の中は水もブワーって流れてて、持ってた傘が引っかかって助かったんだ。やばかった！！！

ぴーまるストーリー

人気上昇の最中 YouTuberとしての活動が停止に

動画をみてくれる人がどんどん増えてきて、自分の活動の幅も少しずつ広がってきてて、もっと楽しい動画をつくっていきたいなって考え始めたんだ！

　同じぐらいの時期に、自分の動画をみておもしろいと思ってくれた方が声をかけてくれて、VTuber（輝夜月）としての活動がスタートしたよ！　と同時に、P丸様。の活動が止まっちゃったんだよね……。自分は自分なんだけど、2つの自分がいて……。

どっちも自分なはずなのに、届ける言葉とか、動画の内容をわけたりするのってすごく難しくて、たくさん悩んだよ。

　いままでひとりで、楽しいことだけを届けてきた活動が、いろんな人がかかわることでどんどんと自分の思う楽しいだけじゃ届けられなくなってしまって……。もちろん、その活動の中で、いままでできなかった楽しいもうれしいもたくさんあったけど、これからの自分の活動を考えることも増えたんだよね。

輝夜月

VTuberとして活動していたよ！

2019年

夢をかなえた いま

2匹の女の子（猫）が同居人に！

活動を停止して1年経ったくらいから、P丸様。としての活動を再開して……猫を飼った！ 去年の5月に最初の子が我が家に来て、今年の6月にもうひとりやって来たんだ。2匹と同居中だよ！ 実は、猫の局部が好きじゃなくて……両方とも女の子ｗｗｗ

愛猫の『なゃぴ』と『うゅ』♡

YouTuberとしての活動を再開!

活動を再開できるようになってからは、自分の楽しいをもっと届けたい! って気持ちでたくさんの動画が投稿できるようになったよ!

自分の活動に終わりってないから、一生締め切りがあるみたいであせっちゃうときもあるんだけど……。

ふとしたときに、楽しいと思うものを声とイラストで自由に届けられて、みてくれるみんながいることに、うれしいな~しあわせだな~って思ったりもして、がんばろ!!!ってなるの!!!

事件

P丸様。の守護霊がみえない!?

最近の事件(?)といえば、友だちに霊が100体ついちゃったみたいで、それをお払いしにいったら、その子が霊がみえるようになっちゃったこと! いまは、守護霊とかを的確に当てられるようになったみたい。だからみてもらおうと思ったら「頭がお花畑の子はわからない」って、みてくれなかった!! ほかの人はわかるのに、なぜかわからないみたいで……かなりの事件だよね!!!

2019年末

YouTubeのちゃんねる登録者数が100万人を突破！

2020年

好きなことを続けながら新たな夢を探し中

いままで、やりたいな〜って思ってたことは全部現実になってて、次の夢〜次の夢〜って前に進めば進むほど夢が広がっていくんだ！

これからも好きなことを続けつつ、いろんなチャレンジをしたいな！　すごく大変だと思うんだけど、いつか自分の描いたキャラクターとか物語をアニメ化することが夢かな！！！！！

ぴーまる♥ファミリー

P丸様。の動画に登場するファミリー(キャラクター)を一気に紹介しよう！
これまで登場したファミリーは、なんと50以上!!
すべてP丸様。の愛情が注ぎこまれた、「大好き」なファミリーだよ♥

P丸様。が選ぶ♥シリーズベスト3

1. ゆるふわ～
2. なっきー
3. お嬢様と執事

P丸様。

P丸様。

P丸様。自身が登場する動画は、企画もの、日常のできごと、愛猫紹介など、いろんなジャンルがあるよ♡

歌ってみた

日常のできごと

企画もの

愛猫紹介

……など！

ぴーまる♥ファミリー

ゆるふわ〜

くまくん

落ち着いた性格。きき役、ツッコミ役をすることが多い。居酒屋で働いている

うさぎさん

4月7日生まれ。苗字は里山。口癖は「うゆ！」。サイコな言動をしがちな主人公。泣き声は言いづらそうな「ぴえん」

りすくん

うさぎさんにからかわれることが多い。『マッチ売りの少女ちゃん』に恋心をいだいている

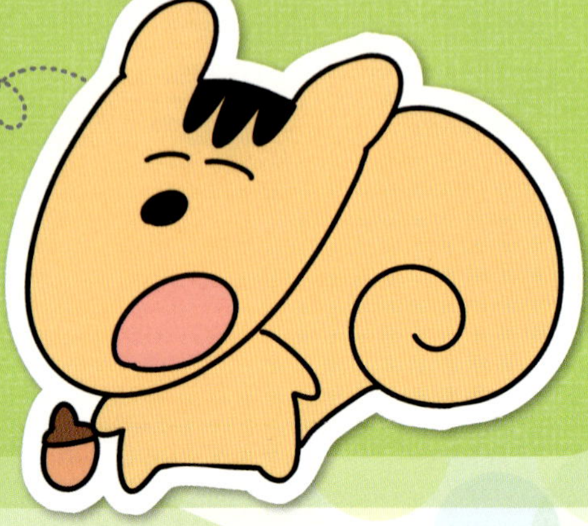

おおかみくん

集合体恐怖症のため『うさぎさん』からタピオカを誘われるも断る

ゆるふわ〜たちの毎日

マッチ売りの少女ちゃん

かわいい黒ギャルにあこがれ、アパレルショップで働いている。トーンはりが面倒で擬人化されることが少ない

ゆるふわ～ ぴーまる♥ファミリー

7人の小人

もぐらさん

白雪姫

不思議ちゃんキャラ。会話の流れを読まず、別の話題を話すことも。『赤ずきんちゃん』とよくケンカをする

赤ずきんちゃん

『白雪姫』からゴリラあつかいされる。流行に詳しい。赤んぼうにもようしゃないキックを入れる

流れ星

チーズハットグマン
ドロボー猫
タピオカマン
おとーと
肩パットマン
キリンさん
サルくん
おせっせしてるに決まってるじゃんw
桃太郎
ぼく!!桃太郎です!!!
サンタさん
イッヌ
キジ
イヌさん
きびだんごくださーーーい!
黒うさぎさん
声：ななもり。
おばあさん
離婚です。
おじいさん
黒くまくん
声：ななもり。

ぴーまる♥ファミリー

隣の席のうるさい川島くん

川島

あらゆることに対し「なんでなん!?」とからむ小学生。イメチェンで顔を縦長にするときもある

なんでなん川島

すずき

川島の隣の席。将来、頭のいい学校に入るために塾に通っている

先生

「辞めたい」とプリントされたシャツを着用。親のしいたレールにそって進み、教員になったと児童に告白する

かわの

「なんでなん!?」とよくたずねる川島に母性本能をくすぐられ、好意をいだいている

影山

あやせ

山本アルフレッド

なっきー

ぴーまる♥ファミリー

ぴーちゃん

2017年生まれの3歳児。なっきーに「恋ってなに」と質問したり、お年玉をねだったりする

夢の国の住人との触れ合い?!

遠井さん

声:ジェル(すとぷり)

まーくん

ジェッキー

声：ジェル（すとぷり）

なつきー

声：ななもり。

紫色のネズミ。平成7年生まれの25歳。突如として狂気モードになることもある

なにーちゃん

なーさん

ぴーまる♥ファミリー

4人の伝説の戦士が
世界の平和を守る！

よにんはプリティア

プリティアピンク

ツッコミ担当の主人公。必殺技は「おまえ…!!! 言えなかったけど…!!! 顎と首の境目…!!! ないよねぇぇぇえええええぇぇ」

プリティアブルー

「深海に眠る女神」との二つ名を持つ。オレさまキャラ。必殺技は「お前!!! 息!!!!! くせぇんだよぉぉぉおおお」

プリティア イエロー

「勇気あふれるイナズマの神」を自称する、不思議キャラ。必殺技は「はなげ!!!!!!出てるよおおぉぉぉおおおぉ」

プリティア グリーン

「森林にそびえる天使」という異名を持つ。まじめでしんらつな委員長キャラだが、歌が必殺技として使えるほどにヘタ。必殺技は「えぇ?!?!?! 20代なんですか?!?! 53歳だと思ってましたああ」

怪物

プリティア ホワイト

ブリュブリュブリュ リュリュリュ

ぴーまる♥ファミリー

お嬢様と執事

お嬢様

ゲームがヘタなのに「実況者になりたい」と言い出したり、「絵師になりたい」と言ったり『執事』をふりまわす

執事

お嬢様に対し、しんらつに突っこむことが多い。口癖は「草」。むちゃぶりをする『お嬢様』に現実的な道を提案する

お嬢様と執事の日常

久々に会う
彼女が
別人になってた
wwww【七夕】

(after)　(before)

彦星さん

織姫たん

はかせ

女子の
好感度が上がる
魔法の言葉が
あるってマジ?!

メルメル.
キャラメル.
Pたゃん

P丸男

いんなつぷ★

ぴまるひすとりー！。

ゆるふわ〜

P丸様。はSNSにマンガもアップしているよ。
カテゴリー別に、並べて紹介していこう。
なんと、すとぷりの公式ファンブック
『すとろべりーめもりー』で
マンガ家デビューもしているんだよ！

P丸様。の日常 コミック5

なつぷ★ Loveとか

一緒に帰ろ!!
ねえねえ 私今、何考えてるでしょ〜?
わわ わわ
キョロ キョロ
つんつん
こうしたいんでしょ??
ぎゅ…
ぱちーーん
わしゃわしゃ わしゃ〜
もう〜っ先輩やめてくださいよお!!
おててつなご〜よ〜
私、お友達と遊園地に来たことなくて…今日はすっごく楽しみでした!
ドキーーーッ!!!
俺の事が好きみたいだ。
たくちゃんつめたい!!
プイ
えっ、
ウッセーな!! 結婚しろっ!!
ぱっ
ちーん
は? きも。

コミックらいん

すとぷりの公式ファンブック
『すとろべりーめもりー』で
4コママンガを描いてるんだ

※表紙と内容は
『すとろべりーめもりー vol.4』より

SNSにはすとぷりのイラストも登場!!

『妖怪ウォッチ』で声優に挑戦!!

P丸様。は現在放送中のTVアニメ『妖怪学園Y 〜Nとの遭遇〜』にて、
キャラクター『来星ナユ』の声を担当。
声優としても活躍中だよ♪

Y学園の中でも強大な権力を持つ風紀委員会の長『来星ナユ』

プロフィール

来星ナユ

風紀委員長をつとめる謎の少女。
地球を侵略しに来た異星人のようだが、
その正体は……？

アフレコの様子をP丸様。がマンガにしているよ

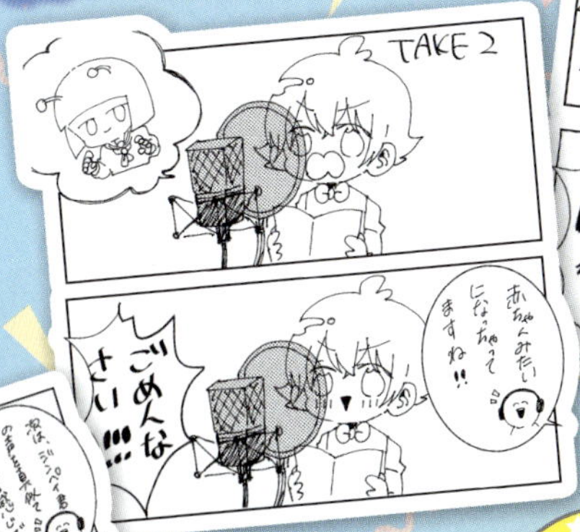

P丸様。が描いた来星ナユちゃん

TVアニメ
『妖怪学園Y ～Nとの遭遇～』
テレビ東京系
6局ネットにて
毎週金曜夕方
6時25分～放送

ゆるふわ～

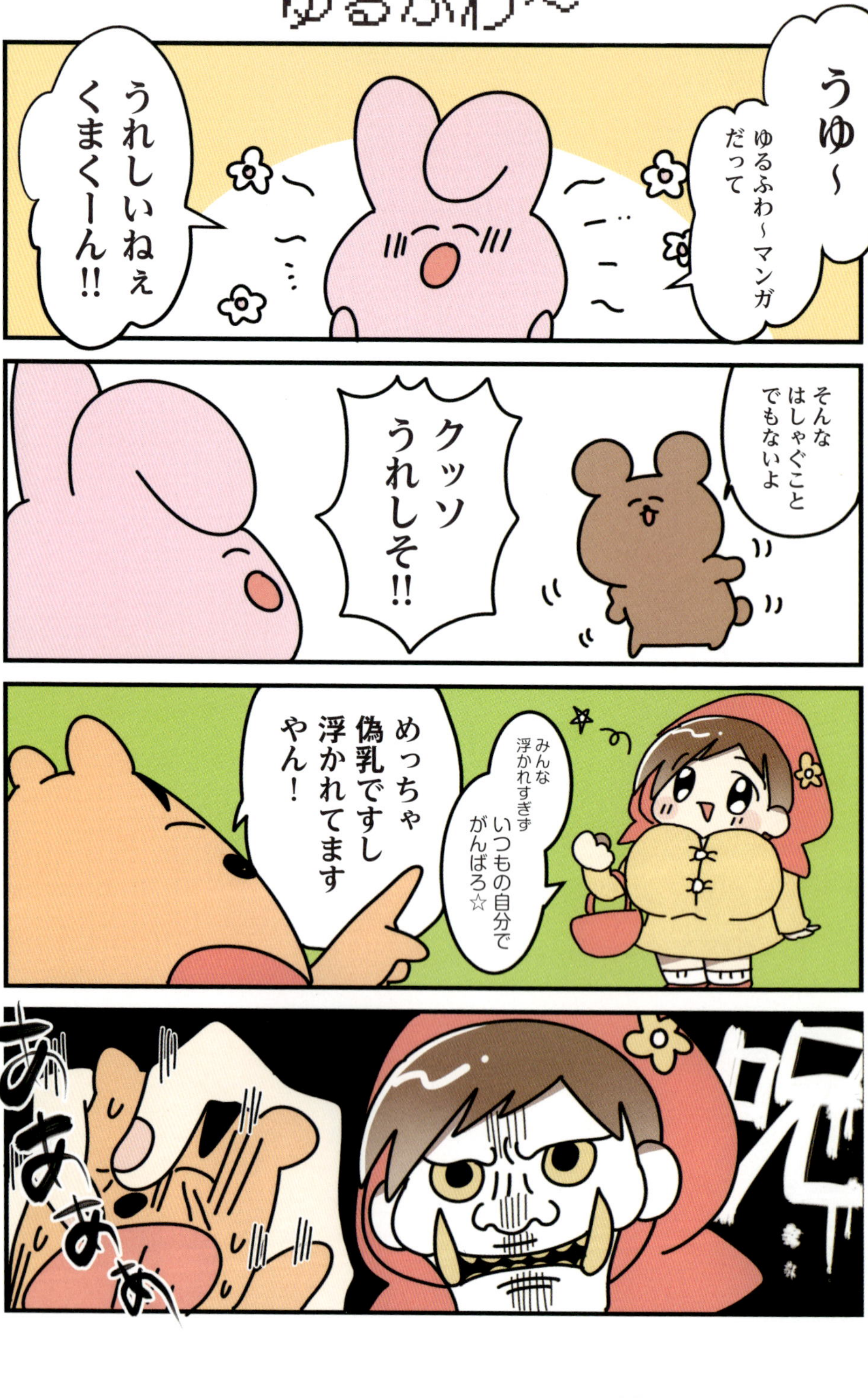
うゆ～
ゆるふわ～マンガだって
うれしいねぇくまくーん!!
そんなはしゃぐことでもないよ
クッソうれしそ!!
みんな浮かれすぎず
いつもの自分でがんばろ☆
めっちゃ偽乳ですし浮かれてますやん!
呪
ああああ

ねーねー!! ボクの どこが好き～??
ない。
つらいんこダー
つらいんこダー
みし…
草
くまくん 私の好きなところ 教えてー♡
ドキ ドキ
誰。
呪
待って待って ストップ!!
なんでボクなの ストップ!!

私たちマンガになったんだって〜
え？まじ？超楽しみ!!
かわいく描いてねぇと
ぶっ殺すぞ作者!!!
完成楽しみだね〜
小顔ポーズ
なんかごめんね私のせいでみんなかすんでみえちゃうね
私、かわいいから……
赤ずきんちゃんがサイコなおかげでウチら常識人ってみられてうれしいですぅ〜
ぶッKill You

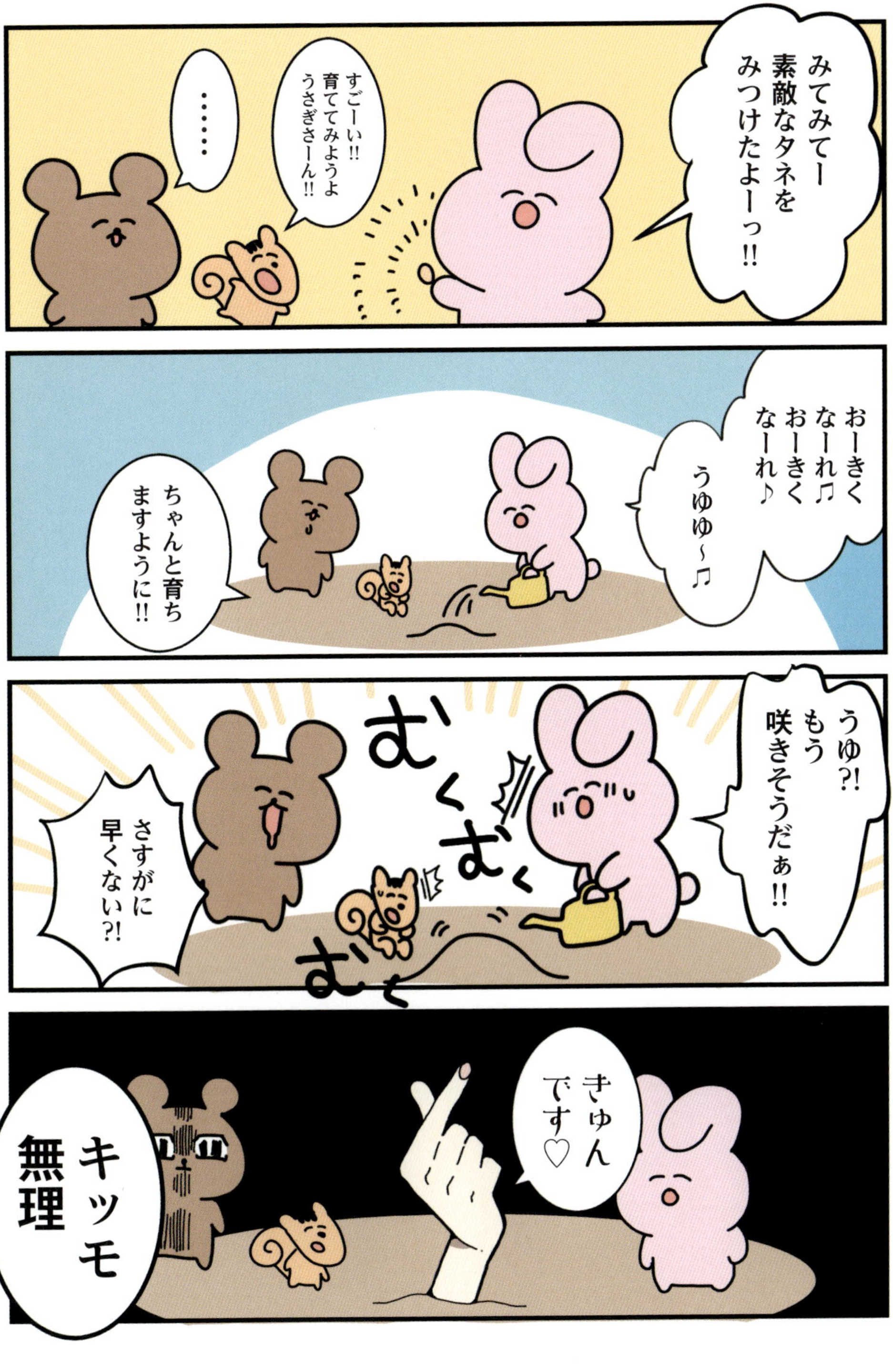

みてみてー 素敵なタネを みつけたよーっ!!
すごーい!! 育ててみようよ うさぎさーん!!
……
おーきく なーれ♫ おーきく なーれ♪
うゆゆ～♫
ちゃんと育ち ますように!!
うゆ?! もう 咲きそうだぁ!!
むくむくむく
さすがに 早くない?!
きゅん です♡
キッモ 無理

耳の位置違いますやん
なんもきこえへん
耳の位置病気やんって

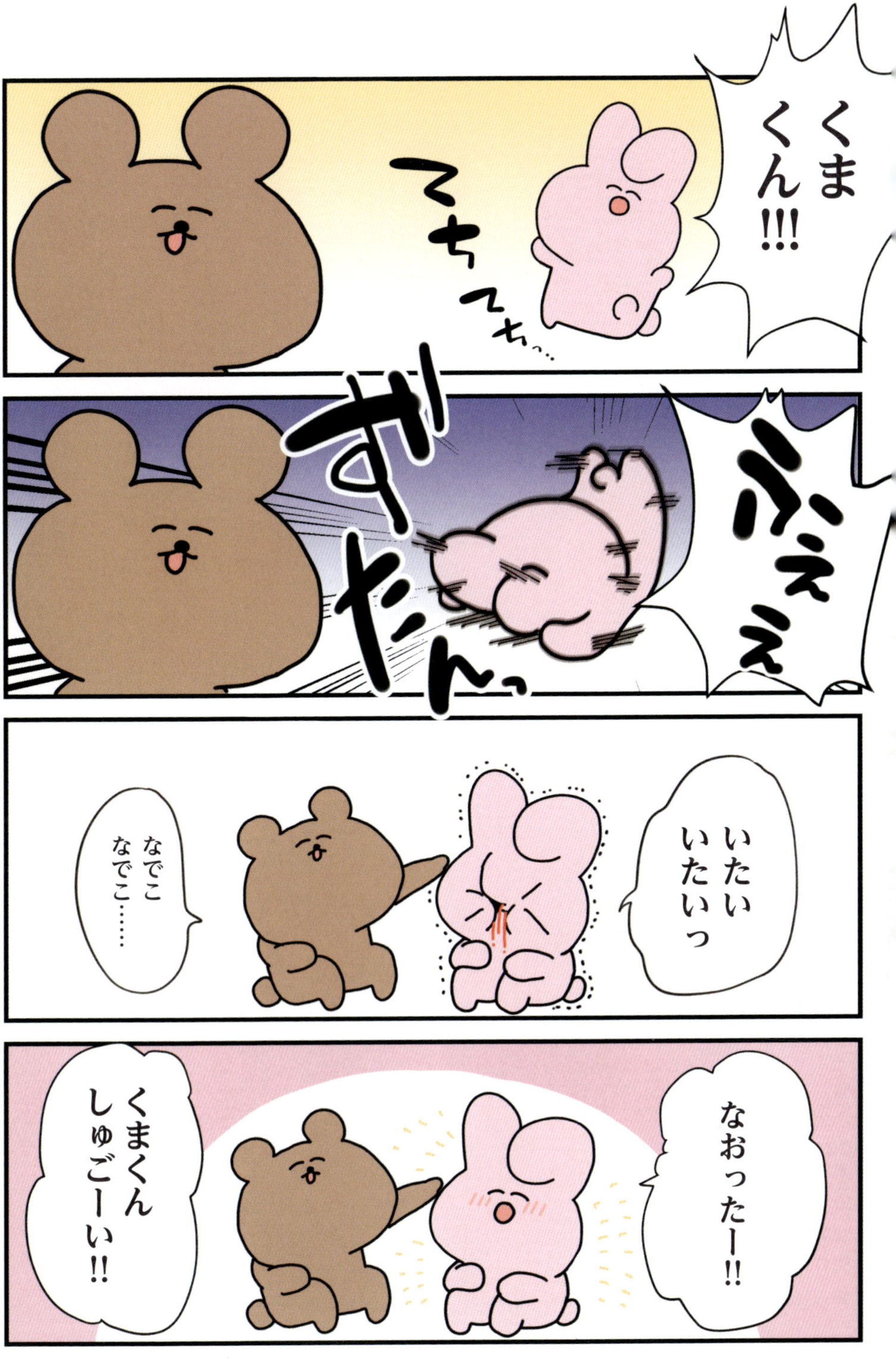
くまくん!!!
てちてち…
ふぇぇ
ずたんっ
いたいいたいいっ
なでこなでこ……
なおったー!!
くまくんしゅごーい!!

なんでなん川島
かわしま
すずき
早く中学生になりたいな〜♪
友だち100人でっきるっかな♪
やまもと
かわしま
そんなもんできません
なんでなん?!
辞めたい
先生

友達100人→対人ストレス
死!
いいですか?友だち100人もつくってしまうと対人ストレスで死にます
対人ストレスってなんなん!!おいしいん?!
そんなぁ……友だちたくさんほしいです先生……
じゃあ死ね
もう全員死ね
先生ぇ!!やめてください!!!
山本くんがショックで息してません!!!
はい、じゃあ授業始めますよーっ
辞めたい

声とイラストでみんなを笑顔に!

プロフィール

YouTubeちゃんねるの
登録者数は130万人!

Contents

P丸様。をもっと知りたい!!!

アニメ風ショートムービーが大人気!

ぴーまる

再生数は5億2000万回を突破!

P丸様。ってどんな人? みんな知りたいことだよね!　好きなことや一緒に暮らしている愛猫ちゃん、Q&Aコーナーなど、P丸様。にいろんなことをきいてみたよ!!

好きなマンガ『ダンジョン飯』

好きなマンガなど、好きなものをきいてみたところ、なーくん(すとぷり)からタレコミが……。

ななもり。

好きなものがすぐに変わっちゃう。だから、それがみなさんに伝わるころにはもうブームが去ってしまっていて、困ることもあるよw。すっごいミーハー!!!

そんなP丸様。がずっと好きなものがあるそうで、それがバスボム! お風呂タイムは至福な時間とのこと!　次ページでは、そんなバスボムについて語ってもらったよ♡

P丸様。プロフィール

誕生日　9月30日

星座　てんびん座

出身地　タンバリン星

得意科目　体育と歴史

好きな色　黄色

好きな飲み物　カフェオレ

P丸様。のお気に入り

バスボムについて

P丸様。がずっとずっと大好きなもの。それは「お風呂タイム with バスボム」。バスボムはお湯に入れるとシュワシュワと発泡する固形の入浴剤のこと。キラキラグロスや花びらが入っていたりして、色や香りのバリエーションが豊富で、安定の女子人気のアイテムだよ♡

あきることなく、なぜかずーっと大好き!

最近は忙しくて、バスボムお風呂タイムは自分へのご褒美にしてるよ!

お風呂は大好きで最長5時間も入ってたことがあるw

バスボムはみた目もかわいくて好き! テンション上がる!

好きな香りでリラックス〜♡

LOVE LOVE

衝撃!! あのゆるふわ～キャラがここまで!

うさぎさんセクシー☆

編集部は、あの大人気シリーズ『ゆるふわ～』の主人公『うさぎさん』の秘蔵写真を入手！今回特別に、読者のみなさんだけがみられる「袋とじ」で紹介するよ。

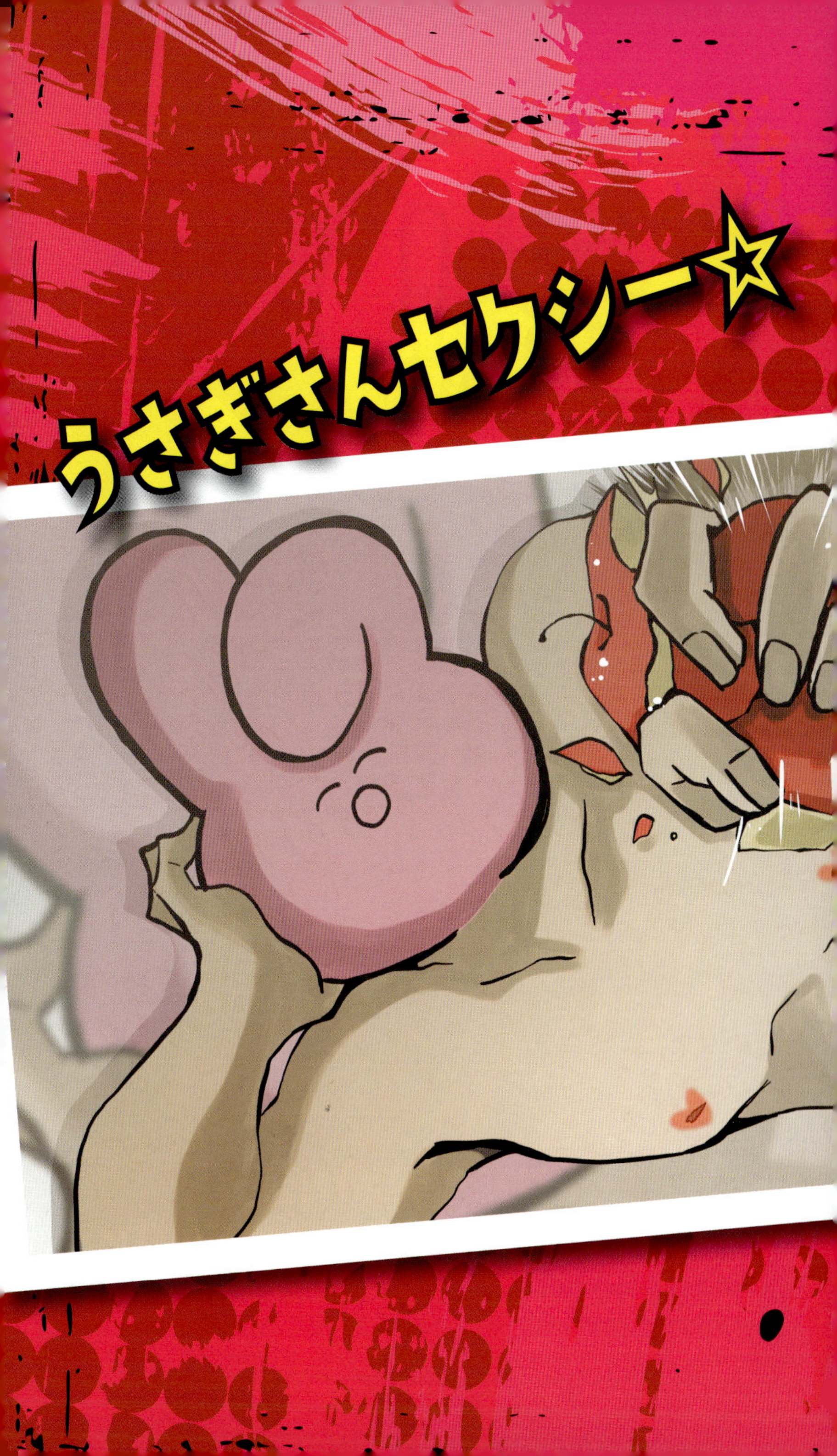
うさぎさんセクシー☆

【袋とじの開け方】

右側のとじこみ部分にはミシン目があり開けやすくなっています。
ミシン目を折ってしっかりと折り目を付けてから切りとると、
きれいに開けられます。

※袋とじを開ける際に生じた破損などについては、返品の対象にはなりませんのでご注意ください。

P丸☆くりえいてぃぶ★ふぁいる

令和のトップクリエイターP丸様。の動画制作テクニックを紹介♫

動画の企画

日常はすべてネタの宝庫！
なので、気づいたらできてるよ！

動画のつくり方

録音→音声編集→
それに合わせて
絵を描く→
動画編集

楽しい動画をつくるコツ

自分が楽しいと思ったら、
相手も楽しいと思ってくれる
ものだと信じること！！！

企画の整理

ネタ帳あり！！！
常にメモしてるよ！！！

アイデアの出し方

なにげない会話でアイデアが
浮かんだりするので、
日常ひとつひとつを大切に
過ごすのがポイント！

動画上の笑いの演技のコツ

演技ではないよ！！！
特にコラボのときは、
台本がないので、本当に
ななもり。さんはおもしろいw

コラボするときの心がけ

全力で楽しむこと！

いろんなキャラを演じる方法

昔から声まねが好き！
いろんな声やキャラを演じる
ことを好きになろう！

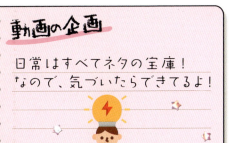

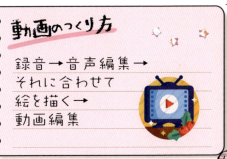

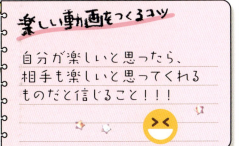

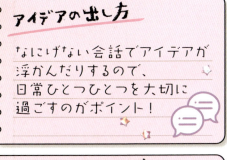

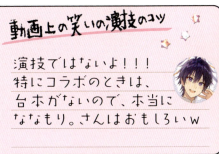

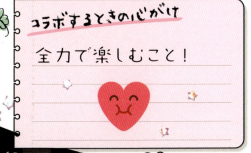

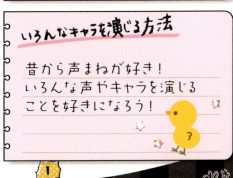

かわいい家族を紹介！

P丸様。の大事な家族といえば
２匹の猫！
ラグドール『なゃぴ』ちゃんと、
ベンガルの『うゅ』ちゃん。
どちらも女の子だよ♥

うゅ

ベンガル ♀（生後6カ月）

運動神経がすごくて友だちと一緒に「サスケ」って呼んでる。
食いしん坊で、なゃぴのご飯も横どりする。めっちゃ甘えん坊で人懐っこい。誰の膝の上でも寝る。一緒に寝るときは、よく足の上か脇の下か胸の上で寝る。んかわいいい！！！！

なゃぴ

ラグドール ♀（1歳）

めっちゃお嬢さま。甘えるときはかわいい。「ちゅーる」って言葉を言うと「ンナァアアア！！！！！」って叫ぶ。寝るときはお腹出して豪快に寝てる。家に帰ると真っ先にお出迎えしてくれる。最近頭をなでても怒らなくなった！！ かわいいいい！！！！

なかよし

つぎはなにして
あそぼうか?

よろしく♪
なやぴ
より目に
なっちゃう
へっ?

びよーん!!

クールキメ顔
どうよ

まるまりんこ

うゆ

なに？
びっくり

呼んだ?

えいやっー!

ZZZZZZ…

P丸様。が100の質問に答えてくれたよ!

P-Question&Answer100

Q1.生年月日は?
A.9月30日、てんびん座。

Q2.出身地は?
A.「タンバリン星から来た」っていう設定!

Q3.家族構成は?
A.ボク(ボス)、猫(社長)、猫(取締役)!!!!!!!!

Q4.小さいころはどんな子だった?
A.クソ人見知りだったんだけど、運がいいことにまわりの子たちが話しかけてくれるので友だちは多かったよ。学校帰りは毎日違う子と帰ってた。人の話をきくのが大好きだったから、いろんな子の話をきくのが楽しかった!!!

Q5.得意な科目はなんだった?
A.体育と歴史の授業が好きだった!

Q6.好きな色は?
A.全部好きだけど、黄色は特に好き!

Q7.好きなファッションブランドを教えて。
A. EMODAが好き!

Q8.普段愛用してるコスメブランドは?
A.「Diorが好き」と言ってるけど、
コスメはよくわかってない(ばくわら)。

Q9.自分の顔の好きなパーツは?
A.下まつ毛。
下まつ毛つけてるの? ってきかれたことがあってからなんか好き。

Q10.自分の体はどこが好き?
A.足首が好き。足首フェチだから、
足首はめっちゃ気にしちゃう!
わはは!!!

Q11.好きな or 得意なスポーツは?
A.球技は得意なんだけど、
サッカーだけは苦手!

Q12.自分を動物にたとえると?
A.よく猫って言われる!

Q13.ジムとかかよってる?
A.かよったことはあるんだけど、すぐやめちゃった……くぅ。かよっていたときにトレーナーさんが、めっちゃ自分の昔の筋肉自慢してきて、友だちが半ギレしてて、はわはわしてたのを思い出したよ。

Q14.部活はなにしてた?
A.運動部。

Q15.あこがれの人はどんな人?
A.一生懸命がんばってる人!

Q16.お気に入りの香水はある?
A.最近、Diorの香水を買ってみた。
きゅんです!

Q17.最近泣いたのはいつ?
A.涙もろいから、なにか感動したりうれしいと感じたりしたら泣く!!!!
この前、映画の予告で泣いた!!!!

Q18.最近いちばん笑ったことは?
A.ツボが浅くてなんでも笑うので、笑いすぎて覚えてない!!!!!

Q19.最近怒ったことは?
A.うちの猫たちがケンカしてたので「仲よくしてえええええええええ!!!!」って怒った!

Q20.好きな食べ物はなに?
A.カフェオレが好き! おいちい!

Q21.苦手な食べ物は?
A.ウニが苦手。「それ、本物のウニ食べたことないからだぜ!?」って言われるけど、食べたことある。苦手!

Q22.ひとカラする?
A.1回だけしたことあるよ! 楽しかった!

Q23.ライブは行く?
A.行く! 素敵で感動する。
がんばってる人は
キラキラしていて美しい♡

Q24.好きなアーティストは?
A. RADWIMPS。

Q25.いちばん好きな曲を教えて。
A.たくさんあるけど『愛し』が好き。

Q26.落ちこんだときにきく曲はなに?
A.落ち込んだときに曲はきかない!!!

Q27.鼻うた歌う?
A.めちゃくちゃ歌う。

Q28.弾ける楽器は?
A.タンバリン。

Q29.お友だちにしたいなぁと思う子はどんな子?
A.笑いが合う人。相手の気持ちになってちゃんと考えてくれる人!

Q30.自分の性格をひと言でいうと?
A.変な人!

Q31.自分の性格で直したいところは?
A.なんでも信じちゃうところ!

Q32.自分の性格で好きなところは?
A.喜怒哀楽が激しいところ!!

Q33.ここだけは譲れない! ってことは?
A.公衆便所は和式がいい!!!

Q34.朝型? 夜型?
A.夜型!

Q35.寝起きはいいほう?
A.6時間以上寝ないと起きれない。

Q36.朝のルーティーンはある?
A.朝は必ず猫のトイレ掃除をする!

Q37.好きな飲み物は?
A.カフェオレ!! 甘いやつ♡

Q38.パン派? ご飯派?
A.どっちも好き! 選べない～!!!!!!

Q39.朝ご飯は食べる?
A.食べるときと食べないときがある!!!

Q40.ケータイの機種は?
A.あいぽん!

Q41.1日にLINEする回数は?
A.めっちゃするときとしないときがある!! 主に、卍ちゃんとしてるよ!

Q42.よく使うLINEスタンプは?
A.『ゆるふわ～スタンプ』♡

Q43.よく使うアプリは?
A.『TikTok』! 猫の動画をよくみてる。

Q44.好きな本を教えて。
A.イラスト本など!

Q45.好きな映画を教えて。
A.『グレイテスト・ショーマン』!

Q46.好きなラジオ番組は?
A.ラジオはあまりきかないなぁ ><

Q47.好きなゲームは?
A.あつ森が好き♡

Q48.車の運転はできる?
A.できるけどこわくてしてない……。
運転してなくてゴールドカードになっちゃった!

Q49.バッグの中に必ず入れるものはなに?
A.財布!!!!

Q50.お気に入りのキャラクターは?
A.ゆるふわ〜のうさぎさん!!!

Q51.人生でいちばんあせったことは?
A.雨の日に大きな穴に落っこちたこと。
傘が引っかかって助かったけど、めっちゃあせった……。

Q52.最近いちばんはずかしかったことは?
A.「自惚れ」を「じぼれ」って読んだことと「描写」を「びしゃ」って読んだこと!

Q53.人生でいちばん高い買い物ってなに?
A.Mac! まったく使ってないw

Q54.無人島にひとつ、持って行くとしたらなに?
A.食料!!! お菓子はあまり腐らないのでお菓子いっぱい持って行きたい!

Q55.人生最後の日はなにをする?
A.家族とご飯が食べたい!!!

Q56.どんな人がタイプ?
A.家事洗濯、料理できる方、募集中!!!

Q57.デートするならどこに行く?
A.映画に行きたい!!!

Q58.デート相手がどんな服装で来たらうれしい?
A.似合ってればなんでもよき!

Q59.いまのヘアスタイル教えて!
A.黒髪にインで金髪を入れてるよ。

Q60.ネイルはどんなのが好き?
A.キャラネイルが好きだったけど、
いまは黒やネイビーをよく塗ってる。

Q61.お気に入りのアクセ教えて。
A.友だちからGUCCIのネックレスを
もらった。おそろい!!!!

Q62.言われてうれしい言葉は?
A.「かわいくて頭がよくて
スタイルもよくて素敵で
美しくてかっこいい人だね」

Q63.ズバリ、なにフェチ?
A.足首!!!!!!!!!!!

Q64.大人になったって思うのは
どんなとき?
A.「なるほど」と
いっぱい使うようになったとき。

Q65.友だちはなん人ぐらいいる?
A.指で数えられるくらい!

Q66.親友っている?
A.いる!

Q67.友だちとなにして遊ぶの?
A.主にゲームとか、カラオケとか、
買い物とか、ご飯食べるとか!!

Q68.しあわせだって思うときは?
A.おもしろい動画が完成したときと、
その動画をみんなにみてもらって
るとき♡

Q69.癒やされたいときはなにをする?
A.猫と寝る!

Q70.気になる人には
どんなアプローチしますか?
A.話しかけたいけど話しかけられない
から話しかけない!!!!!!!!!!
そしてときがすぎる!!!

Q71.なんでそんなに
おもしろいんですか?
A.えへへ……。

Q72.なんでそんなに
かわいいんですか?
A.でへへ……へへ。

Q73.座右の銘を教えて。
A.猪突猛進!!!!!!!!!!!!!!!

Q74.自炊はする?
A.自炊ってなに??

Q75.得意料理を教えて。
A.得意料理ってなに??

Q76.お酒は好き?
A.まだ3歳!!!!!!

Q77.好きなスイーツは?
A.マカロン!!!!

Q78.ダイエットしてる?
A.ダイエットは好き!!!!

Q79.『Uber Eats』で
なにをオーダーする?
A.スタバをよく頼むよ!!!

Q80.睡眠時間はどれくらい?
A.6～12時間。

Q81.ベッドのサイズは?
A.猫ちゃんと寝たいから、
セミダブルを購入したよ!

Q82.最長どれくらい寝たことある?
A.14時間。お肌ぷるぷるになった♡

Q83.おうちの中でくつろぐ場所は?
A.ベッドとYogiboによくいるよ!

Q84.寝るときの服装は?
A.たまご柄のパジャマ。

Q85.寝る前のルーティーンはある?
A.テレビをみながら寝落ち。

Q86.ペット飼ってますか?
A.猫ちゃん2匹!!!!

Q87.おうち時間は
なにしてることが多い?
A.動画つくったり、テレビみたり、絵を描いたり!

Q88.インテリアはどんな感じ?
A.ぬいぐるみが多いよ!

Q89.こだわりの家具はある?
A.猫のトイレがなぜか5つある。

Q90.考えてから行動する?
A.考えてそうで考えてないかも。

Q91.人生やり直したいことある?
A.ない、むしろ未来が気になる!

Q92.活動をやめたいって思ったことは?
A.「無理ぃ」……ってなったことはあるよ。

Q93.いま、悩みはありますか?
A.口内炎ができて悩んでる～。

Q94.落ち込んだときは
どうやって立ち直るの?
A.友だちとひたすら遊びまくり!!

Q95.元気のもとは?
A.猫ちゃん!!!

Q96.いまの自分になってなかったら
なにになってた?
A.なにになってたんだろう……わからないけど、たぶん違う楽しいことをしてるんじゃないかと!

Q97.子どものころの
あこがれの職業は?
A.マンガ家!!

Q98.来世はなにになりたい?
A.来世は超能力者になりたい★

Q99.今後の夢は?
A.楽しいことを、みんなと共有し続けられたらうれしい!!!!

Q100.ズバリ、いましあわせですか?
A.めちゃしあわせ～～!!!!!

どんな人？

P丸様。の動画にも出演している仲よしなふたりといえば、卍ちゃんとすとぷりのなーくん。P丸様。をよく知るふたりに、P丸様。がどんな人がきいてみたよ！

目の前に食えるものがあったら
無意識に食べそう。
なんなら、寝とってもなにか食べてそう。
のわりにはえぇ体しとる。
ごっつ重いダンベル笑顔で持ちそう。
足速そう。
うちの犬が大好きゆーわりに、
会ったとき、一切さわりゃーせん。
まぁ、えぇやつ。

卍ちゃん

P丸様。って

最初はめちゃくちゃ
やばいやつだと思ってたんですよ!
動画も生放送もめっちゃテンション高いし……
普段どんな感じなのかぜんぜん想像できなくて……。
大丈夫です。安心してください。
ちゃんとやばいやつです!!!
動画でも動画外でもめちゃくちゃ笑ってるし、
なんで笑ってるのかきいても
よくわかってなかったりするぐらい愉快な子!
やばい! とにかくやばい!

すとぷり
ななもり。

P-Beauty's Side

いままで明かされなかった
P丸様。の「美」にキュンです♡

ネイルはサロン派？
セルフ派？
自分でやってる！

ヘアサロンには
どれくらいの頻度で行く？
月1くらい。

メイクルーティーン教えて！
ベース→シャドウ→眉毛→目→
ハイライト→チーク→リップ

つけまはする？
しない。

リピートしてる
コスメはありますか？
Diorのファンデーションを
リピート！

好きなファッションはなに系？
主に黒い。

買ってよかったファッションアイテムを教えて！
帽子。髪のセットがめんどうなとき、
とてもベンリ！

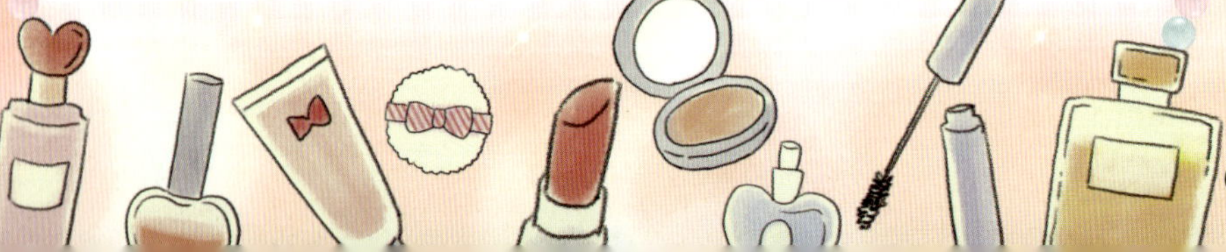

なんでなん
川島
高校生！
まんが！

川島くん!!
ひ……
久しぶり……
影山さん!!
久しぶり!!
変わってないね!!!
川島くんも……
変わって
ないね……

変わったのは身長くらいかな?!
小学生のころは同じくらいだったよね!!!!
なんでなん?!
確かにあまり変わらなかった気が……
確かに……大きくなったね……
……
あ、あと……
すごくかっこよくなったね……
カァ〜〜〜っ

影山さんは変わらずかわいいね!!!
!?

ボッ……ボ……
ボクが……
小学4年生のときから川島くんのことが好きだって……
知ってた……!?
ボクが小学1年生のときから影山さんが好きって!!!
知ってた!?
しっ……しっ!? しっ
知らない!!!
ボクも知らなかった!!!

川島くん……?!
かわのさん

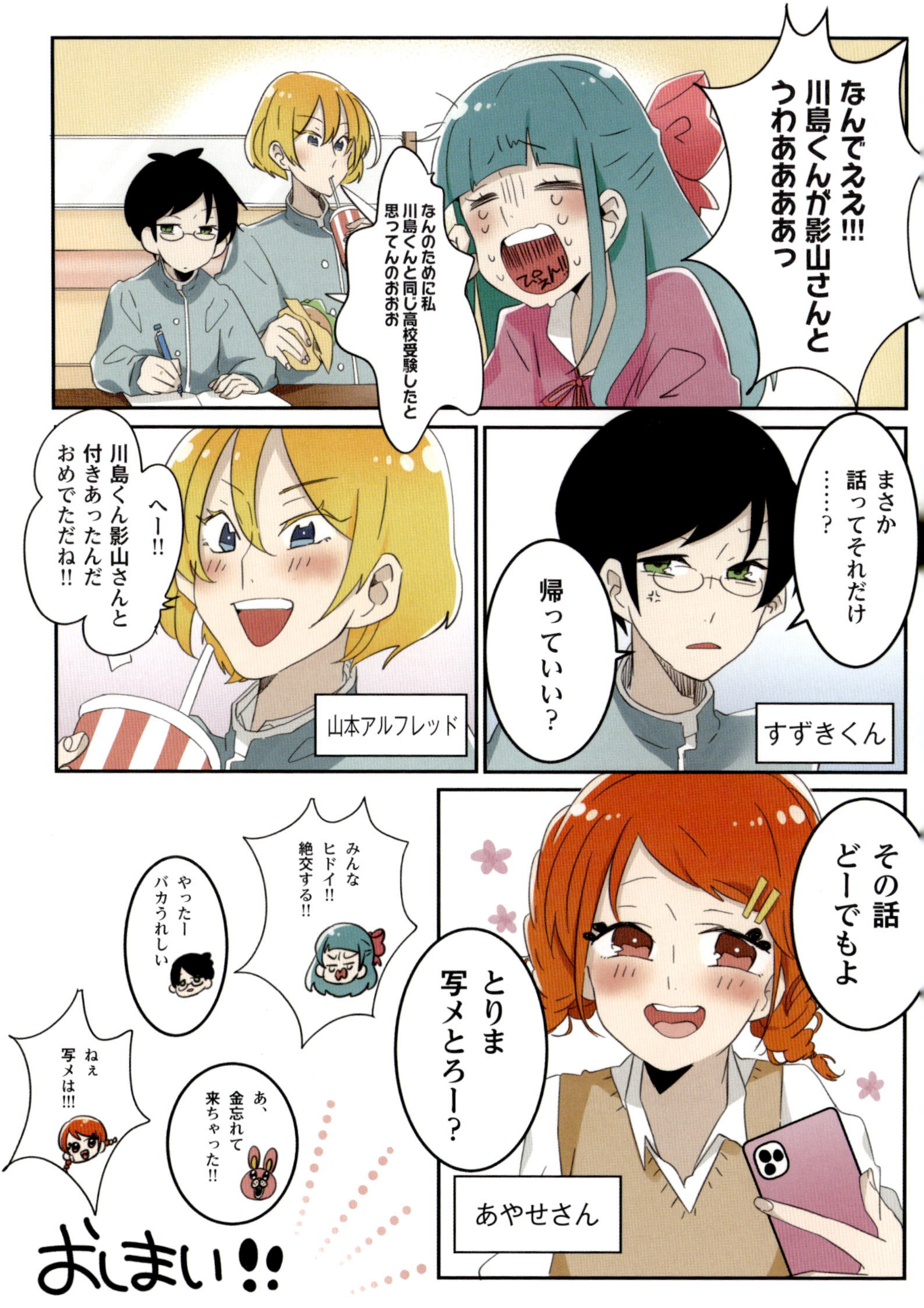
なんでええ!!! 川島くんが影山さんと うわああああっ
ぴえん!!
なんのために私 川島くんと同じ高校受験したと 思ってんのおおお
まさか 話ってそれだけ ……?
帰っていい?
すずきくん
へー!! 川島くん影山さんと 付きあったんだ おめでただね!!
山本アルフレッド
その話 どーでもよ
とりま 写メとろー?
あやせさん
みんな ヒドイ!! 絶交する!!
やったー バカうれしい
ねぇ 写メは!!!
あ、金忘れて 来ちゃった!!
おしまい!!

P丸様。のかわいいイラストをお届け！ ぴーまるぎゃらりー！。

これまでP丸様。が描いてきたイラストを紹介しちゃおう！
さわやかなもの、かわいいもの、楽しいもの――など、
たくさんの中から、お気に入りのイラストをみつけてね♡

シャボン玉

パーカー

スニーカー

デート

ゆるふわ～シリーズ

おいちい〜
うめぇ!っ
いらっしゃいませー。
弱肉強食

妖怪ウォッチJam《ジャム》
妖《よう》怪《かい》学《がく》園
ワイワイ学園生活《がくえんせいかつ》
妖怪学園Yの
OPを担当した時に描いたやつ〜
わいわいわーい!!\(^o^)/ナユちゃんかあいい…。
UFO♪
UFO♪

妖怪学園 Y!!

P丸様。のかわいいイラストをお届け! ぴーまるぎゃらりー!。

ゆるふわ～パーカー

よにんはプリティア

夏！

P丸様。キャラクターてんこもり

P丸様。いっぱい

YouTubeちゃんねる登録者数
100万人いった記念のイラストだよ〜っ!!
みんなお祝いありがとうね〜〜!!

ねむる時
うちのねこちゃん達と
ねむるんですけど
こんな感じで
一緒に寝てます(^ω^)
ベッドがせまくて
しあわせです。

スケジュール初公開♥

P丸様。の1日

なん時に起きて、
どんなことをして生活しているの？
P丸様。の日常はとっても気になるよね！
「お休みの日」と「お仕事の日」
それぞれの1日を追ってみたよ♡

の日

卵になるための運動

カニ歩きの練習

カバ語の勉強

炙りカルビの練習

炙りカルビの試合

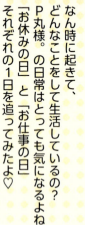

お休み

フライパンと遊ぶ

寝る

Zzzzz……

鼻歌を全力で歌う

お風呂

今日、なん回まばたきしたか思い出しながら就寝

P丸様。の1日

お仕事の日

起床・猫のトイレ掃除

猫にエサ・部屋掃除・トイレ掃除

YouTubeをみたり
映画をみたり

朝ご飯

猫と遊んだり
テレビをみたり
日光浴をしたり

猫にエサ・カフェラテを飲む

動画をつくったり
台本をつくったり
絵を描いたり

WORK

猫にエサ・お菓子を食べる

お風呂
しっかり湯に入る（しあわせな時間）

ストレッチとか、髪を乾かすとか、
化粧水とか……いっぱい

寝る

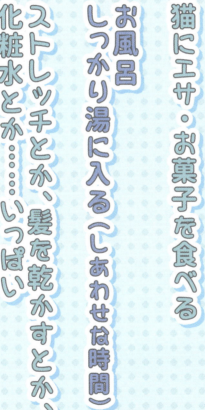

ハンバーグづくりに再チャレンジ!!

P丸様。の初のクッキング動画といえば
『ハンバーグクッキングしたんだけどコラ』。できあがったハンバーグ???
と思われる食べ物に、衝撃を受けた人も多いだろう。
その汚名(?)をすすぐべく、P丸様。がふたたびハンバーグづくりに挑戦したよ!!

動画情報
『ハンバーグクッキングしたんだけどコラ』

ポイントは生にんにく
おろし生にんにく
パン粉
ひき肉
ピーマン
ニンジン
コショウ
塩

材料

たまごとタマネギも使いますw

つくり方

1 野菜をみじん切りに

付け合わせはかわいく！

付け合わせのニンジンは、型抜きを使ってかわいくしたよ♥

星の型抜き

くまさんの型抜き

型抜きでかわいくアレンジ♥

ニンジンを包丁でカット

2 切った野菜を炒める

3

ひき肉を入れて
こねるよ

4

混ぜ終わったら
しばらく放置

5

たまごやパン粉など、
順番に
混ぜ合わせて……

過去の失敗はもう繰りかえさない

ポイント！

6

塩コショウで整えたら、
おろし生にんにくを投入

7

ハート形にしよう♥

8

フライパンで
焼くよ

9

片面が焼けたら、
ひっくりかえして両面を
しっかりと

10

フライパンに残った
肉汁でソースも
つくっちゃう

11

お皿に盛りつけて
できあがり♫

目分量でつくっていったから、つなぎのパン粉で
硬さを調整するという荒技を使ったよｗ
最終的にはかわいいハート形のハンバーグが
おいしくできあがりました！

お嬢様と執事
ねぇ
なんで執事は
右目
隠してるの？
それはですね
右目からビームが出るので
封印してるのですよ！
ほえぇぇ
ぇぇっ
とか言って
昔お嬢様をからかって
ましたけど……
コポポポ…
覚えてないよな
この人……
ゴリラのきもち♡

みしぇてみしぇてぇ!!
もうちょっと大きくなったらねーー!!
まぁビームなんて出ないんですけどねなんで右目が隠れているのか作者もわからないらしいですし……
お嬢様ぞうきんのしぼり汁でございます
ありがとう殺すぞ。
なーんちゃって入ってませんよ☆
ちょっとしか☆
そんなことより執事
ゴリラだもの。
ぱたんっ
右目からビーム
いつみせてくれるの？
What?

ガチ?!
ガチで信じてる系の方?!
マジかやべええ
こいつバカなんだろうな?!
絶対バカ!!
変な本読んでるし
これも絶対ゴリラが本書いてる
って思ってる
系の人なんだ
ゴリラのきもち♡
お嬢様ちょっといいですか?
なにかしら?
サンタさん信じてますか?
……はぁ?
なにを言い出すのかと思えば……

いるに決まってるでしょ？
私サンタさんの鈴の音もきいたことあるのよ？
わあああ。。
― 10年前 ―
よいか執事……
今日の任務はくれぐれも娘にバレないようにな……
かしこまりました
スチャ
ッ・・・

しゅたた
たたっ
すた…
ゴソゴソ…
シャリ!!
シャンシャンシャン
ぎゃあああああ!!
サンタさんだあああ!!!
ママ
純恋ちゃん!!
玄関に
プレゼントが
あるよ!!
ぎゃああ
サンタさん
ありがとおお
あれボクですよ
なんて言えない
なぁ……
ふふん

てか、早く
ビームを
みせなさいよ
お嬢様……
実は……
この右目ビームを
出してしまうと
世界が
破滅してしまう
のです……!!
なんですって?!
それはダメよ!!!
よかったー
すげーバカだ~
まだ私
死にたくないわ
カメを飼う
夢が
あるんだもの
夢小っさ
でも
残念ね……

そんなに
キレイな瞳なのに
片目だけしか
みえないなんて
もったいないわね

おしまい!

ドキドキ!? タロットうらない

P丸様。がこれからどんどん大きくなるためには、
なにが大事なの？
タロット占い師の濱口善幸さんに、
今後の運勢をうらなってもらったよ♪

濱口善幸

よゐこ濱口優の実弟で現役タロット占い師。専門はタロット占い、オーラ鑑定。2004年より占い師としての活動を開始し、関西を中心に3万人以上を鑑定している。

Twitter
@yocchan_uranai

「未来」を
うらなってください
!!!

カードが順番に
並べられていく……

カードを華麗に
シャッフル

出てきた
「未来」は!?

結果発表!!

近い未来

ペンタクルの5
（正位置）

「貧乏カード」と呼ばれるカードです。しっかりと進めますが、心さみしい部分や収入に不満が出たり、もっといけるはずだと思ったりするかもしれません。

現在

カップの8
（逆位置）

このカードが逆位置の場合は方向性がバッチリ決まっているということなので、このまま進むのがいいでしょう。

これから

女帝
（正位置）

ただ、これからも人気を集めていくでしょう。お仕事はもっと安定していきます！

ワンドの5
（正位置）

ワンドの7
（正位置）

もめてるカードが2枚出てますね（笑）。お仕事で一緒になった方とケンカしたり、ライバルがあらわれたり、ネガティブな意見が出たりするかもしれません。

「未来」はこちら！

最終的には

魔術師（逆位置）

こればこるほど、やればやるほど思っている方向に進まないかもしれません。あまりこりすぎずに、いまのスタイルをつらぬくほうがいいようです。たとえば、世の中はデジタルで進んでいきますが、あえてこれまでのスタイルを変えずにアナログな方向を目指すといいかもしれません！ これまでやってきたことを信じて、そのままのP丸様。で進んでください!!

総括

地盤ができてきていて、知名度もしっかりと持っています。今後は、畑の違うところで知ってもらえる展開ができて、そこでまた人気が生まれてきそうですね。ただ、そこにいくまでにもめごとが起こりそうなので、気をつけましょう。なるべくひとりの世界観やひとりでつくりあげるものを大事にしていくと大きくなれると思います。

「気をつけます！」

あとは……来月とか、変な契約しちゃダメですよ。たとえば、1年間契約したらこのジムは……。

「やばいやばい！
うわうわうわ！
やばい！
あれじゃん!!
こわ!!!」

話としてはおもしろくなりそうですが、損害になります（笑）。

ゆるふわ〜の人気キャラグラビア

うさぎさんとくまくんの原宿さんぽ

大きいぬいぐるみ
うさぎさん　¥3,000（税込）
大きいぬいぐるみ
くまくん　¥3,000（税込）
ぬいぐるみマスコット
うさぎさん　¥1,300（税込）
ぬいぐるみマスコット
くまくん　¥1,300（税込）

商品情報はこちら！

『うさぎさん』と『くまくん』がふたりで原宿めぐり！ そんなふたりの姿を、こっそりとおさめてきたよ!! 映えてるフォトを楽しんでね♡

わくわく

わくわく

LiQumu 原宿店

クレミアソフトクリームや手づくりワッフルが楽しめるカフェ。ピンクを基調としたインテリアもかわいらしく、写真映えするスポットがたくさん♡

営業時間：
月〜金／13:00〜22:00
（料理L.O.　21:30、ドリンクL.O.　21:30）
土、日、祝日、祝前日／11:00〜22:00
（料理L.O.　21:30、ドリンクL.O.　21:30）
TEL／03-6812-9237

お店の情報はここから！

楽しみ、
楽しみ、
もじもじ…
るんっ
るんっ
楽しみ〜!!!

※ノンアルカクテルです！

映えてる!

かわいいカフェだね
JILLSTUART

アイスには
『ラベンダー』と『ローズ』と
『ピーチ』を合わせたよ!

いいね♡

P丸様。のオリジナルグッズ紹介

いまは購入できないけど、これまで販売されたP丸様。のかわいいグッズたち。ゆるふわ〜シリーズと描きおろしがあるよ！

黒

白

ゆるふわ〜ぱーかー

冬ver

サンタver

P丸様。描きおろしクリアファイル

ゆるふわ〜クリアファイル

※これらグッズは現在は販売しておりません

冬ver

サンタver

P丸様。描きおろしアクリルキーホルダー

あこがれの声優さんと共演!

金田朋子さんとのアフレコに密着♪

P丸様。があこがれる声優、金田朋子さんが登場!! ふたりでアフレコをしたよ。今回、特別にアフレコ現場に密着! 終始笑いが絶えなかった、楽しい現場をレポートしちゃおう!!

2本の作品をアフレコ!

『僕は友達になりたいだけなのに!!!』を金田さんの声バージョンで収録

金田さんとP丸様。のコラボによる新作を収録

できあがった作品はP丸様。のYouTubeちゃんねるで!

金田朋子

声優のほか、ナレーターや女優などマルチに活躍するタレント。神奈川県出身。これまで声優としてかかわった作品は100本以上! 日本を代表する女性声優だ。できあがったばかりの『うさぎさん』のぬいぐるみとパシャリ!!

金田さんとのアフレコを前に、P丸様。は緊張気味。「かわいくて本当に大好き～♡」とのこと。

金田さんが『僕は友達になりたいだけなのに!!!』をアフレコ

「ほんとに
大丈夫?」と
ききかえす
金田さんw

金田

私はわりと自由にアフレコやってくださいって言われるし、そういう役が多かったんですけど、それ以上にこんなゆるくていいのかな?って思いましたw。全部の現場がこれだったらいいのに!

P丸様。

貴乃花のモノマネがほんとにおもしろかった! あと、勢いがよかった! NGも使いたいくらい。これに絵を当てていくからね!!

ふたりで新作をコラボ!

金田さんとP丸様。が同じブース内に！

金田

アドリブはその場のノリでやってます。だから、同じことはもうできませんw。その場の流れでいいかなって。やっぱ勢いって大事です。いま新しいことにチャレンジしてますけど、なんだかんだ勢いが大事だって再確認しています！ アフレコが楽しくてしあわせになりました!!

P丸様。

また一緒にやりたい! 金田さんのモノマネ、練習したんだw。ご本人から「似てる」って言われて、うれしかったよ!

新たなコラボ!?

P丸様。がきいてみた

P丸様。

ノドのケアってどんなことしてるんですか?

金田

ぜんぜんしてないんです。ノド強いんですよ! リポビタンD飲むくらい。最近はつぶしたことないですね。「強いねーっ」てよく言われるw。

むかしはつぶしたことあります。女の子の役だと大丈夫だけど、男の子の役だとつぶしやすいかもですね。『ボンバーマンジェッターズ』で『シロボン』の役をやったんですけど、初めての男の子役で、そのときはつぶしました。

でも、つぶして強くなるんですよ。お酒と一緒w。限界を知るのが大事!

それからどんどん強くなりました。

P丸様。

そうなんですね! 今度、つぶしてみようw。

いま、声優に挑戦していたりするんですけど、毎回むずかしくて……アドバイスありますか?

金田

なれだと思いますよ。最初はみんな大変なんです。でも、やってくうちになれていくと思います!

私からもいいですか? YouTubeちゃんねるをやってるんですけど、オープニングをまだつくってないんですよ……。オープニングのイラスト、描いてくれませんか?

P丸様。

え!? 描きます!!!

P丸様。ちゃんねる情報

YouTube ちゃんねる

公式サイト

Twitter
@p_ma_ru

Instagram
p_ma_rusama

Twitter サヴ!
@p_sabu_maru

LINE スタンプ
『動く!ゆるふわスタンプ』など

TikTok
@p_ma_ru

みなさん！楽しかったですか！
ボクは楽しかったです！！！

P丸様。をいつも応援してくれて
ありがとうございます。

これからの未来が楽しみなので
みなさんも楽しみに待っていてほしいです。

これまでにたくさんいろいろありました。
楽しかったこと、うれしかったこと……
そのぶん、悲しかったことやつらいこともありました。
でも、そのつらさがあったからこそ
うれしかったことに価値はあるのだなぁ、と思います。

どれも大切な経験、思い出なのです。

小さくて未熟だった自分がここまで来れたのは、
自分を支えてくださった方々と、
この本を手にとってくれた、
あなたの応援のおかげだと思っています。

あなたを楽しませられなくては
自分の生きてる意味がないのです。
自分はなんのために動画をつくっているのか、
行きついた答えは、みんなの笑顔でした。

あなたが楽しいと自分も楽しいのです。
それがいまの自分の夢になりました。

たくさんの人がいる中で
P丸様。をみつけてくれた
あなたに、心の底から
ありがとうを言いたいです。

ぴーまるぶっく!。

2020年9月30日　初版発行

STPR BOOKS
企画・プロデュース　P丸様。×ななもり。

制作　株式会社ブリンドール
荒井敏郎（編集長）
松崎雪奈
多田祥人
西成かずひろ
デザイン　アップライン株式会社
カメラマン　intetsu
Mike MAEDA
曽我美芽
校正　岸 竜次

Special Thanks　ファンのみんな!

印刷・製本　共同印刷株式会社

発行　STPR BOOKS
発売　株式会社リットーミュージック
〒101-0051 東京都千代田区神田神保町一丁目105番地

［乱丁・落丁などのお問い合わせ先］
リットーミュージック販売管理窓口
TEL：03-6837-5017／FAX：03-6837-5023
service@rittor-music.co.jp
受付時間／10:00-12:00、13:00-17:30
（土日、祝祭日、年末年始の休業日を除く）

［書店様・販売会社様からのご注文受付］
リットーミュージック受注センター
TEL：048-424-2293／FAX：048-424-2299

※本誌は新型コロナウイルス感染症（COVID-19）拡大防止のため、政府の基本方針に基づき、著者・スタッフの健康面、安全面を考慮し、感染リスクを回避するための対策につとめて制作しております。

※本体価格は裏表紙に表示しています。

Printed in Japan
ISBN 978-4-8456-3547-4
C0095　¥1800E